AF465202

EXTRAIT DE LA REVUE DES DEUX MONDES
LIVRAISON DU 1er JUIN 1864.

LE SALON DE 1864

L'aspect général de l'exposition de 1864 n'est point rassurant, car, sauf quelques tentatives ingénieuses ou hardies, on y retrouve encore presque toutes les tendances inférieures qu'il avait déjà fallu signaler dans le Salon de 1863. La même préoccupation des petits effets s'y remarque; on dirait que la plupart des peintres, cherchant un succès de surprise, n'ont eu d'autre objet que de piquer la curiosité du public, afin d'arriver à vendre plus facilement leurs tableaux. Il me semble que l'art, tel qu'il a été compris par les maîtres, a quelque chose d'immuable et de permanent qui le rend supérieur au temps où il se produit et même aux hommes dont il émane. Aujourd'hui il n'en est plus ainsi : c'est simplement l'expression plastique des mœurs de notre époque dans ce qu'elles ont de plus frivole, c'est-à-dire dans la mode. L'ensemble de l'exposition actuelle pourrait se résumer ainsi : imitation de l'imitation. De quelques excentricités, de quelques incorrections qu'un peintre se rende coupable, soit qu'il obéisse à la fatalité mal combattue de son tempérament, soit qu'il veuille attirer quand même l'attention sur son œuvre, il est certain qu'il rencontrera des imitateurs et des admirateurs parmi ces hommes qui, ne comprenant rien à la mission d'un artiste, s'imaginent que, sans innéité, sans travail, sans intelligence, on peut arriver à gravir le dur escalier de la réputation. Dès qu'un peintre expose un tableau où l'on distingue seulement quelques singularités de coloration, et qui s'éloigne absolument des règles les plus élémentaires du dessin et de la composition, on est certain de voir marcher sur ses traces, avec applaudissemens, tous ceux qui ne savent ni dessiner, ni composer. Nous pourrions aujourd'hui citer beaucoup de ces

essais malheureux, si, par cela seul qu'ils sont faits en dehors de l'art, ils n'échappaient forcément à la critique sérieuse. — L'an dernier (1), nous avons cru devoir reprocher à deux artistes de talent, — MM. Cabanel et Baudry, — la façon ambiguë dont ils avaient traité des figures de femmes nues, la *Naissance de Vénus, la Vague et la Perle*. Ces deux toiles ont obtenu un succès de curiosité où l'intérêt de l'art n'avait, je crois, qu'une part bien médiocre; de plus, des encouragemens tombés de haut sont venus raffermir ces peintres dans la voie qu'ils suivaient. Un tel exemple n'a pas été perdu, et cette année le Salon n'est plein que de Vénus, de Dianes, d'Èves, de nymphes, de baigneuses vues sous tous les aspects et retournées sous toutes les formes. C'est trop, car là il est évident que, le nu n'étant pas le but, il ne peut être que le prétexte. Il est cependant facile de rester chaste, de ne perdre aucune de ses qualités d'artiste, et de ne point s'égarer dans des recherches au moins inutiles : on peut s'en convaincre en regardant une charmante *étude d'enfant* de M. Amaury Duval; on verra que ce n'est pas en vain que M. Amaury Duval appartient à la grande école, qui compte aujourd'hui si peu de représentans, et qu'il a traversé l'atelier de M. Ingres. Où en est la tradition de la peinture française, s'il suffit qu'un tableau douteux soit apprécié sous certains rapports et soit acheté par de hauts personnages, pour qu'immédiatement les peintres se mettent à l'imiter, et renchérissent encore sur le choix du sujet et sur la manière de le présenter au public? Toutes ces toiles qui n'ont rien d'épique, et où par conséquent le nu n'était point indispensable, sont de simples tableaux de genre agrandis sans motif, propres à orner des boudoirs, et n'ont rien à faire, selon nous, dans une exposition sérieuse. Une exécution imparfaite les rend disgracieux, souvent ridicules et presque toujours désagréables à voir.

I.

S'il est un art qui devrait éviter ces afféteries de mauvais aloi, c'est certainement la sculpture, qui en quelque sorte est l'art abstrait, puisque, privé des ressources considérables de la couleur, il en est réduit à la ligne seule. Cependant il n'échappe point à l'épidémie, il succombe, comme la peinture, à l'affaissement général. Rude, Pradier, David, sont morts; qui les remplace? Qui a saisi d'une main victorieuse l'ébauchoir qu'ils maniaient si magistralement? Personne. On ne peut s'empêcher de s'affliger en parcou-

(1) Voyez la *Revue* du 15 juin 1863.

rant ce grand jardin où l'on a réuni les produits de la statuaire contemporaine. De combien de ces œuvres ne pourrait-on pas dire avec Émeric David : « Que de statues ne se soutiennent que parce qu'elles sont en pierre! » La plupart d'entre elles sont, à proprement parler, des statuettes bonnes à mettre sur des étagères et qu'on croirait agrandies par des procédés mécaniques. Il y a entre le sujet et les dimensions une corrélation nécessaire dont les artistes ne semblent plus se douter; c'est là une des lois de l'art cependant, et je ne crois pas qu'on puisse impunément l'enfreindre. S'il est rationnel de donner les proportions de la nature à des dieux comme Apollon, à des héros comme David, il est puéril de garder les apparences épiques pour des sujets de fantaisie empruntés aux jeux de l'enfance, aux fables de La Fontaine, aux accidens vulgaires de la vie habituelle. Ainsi, pour prendre un exemple, je trouve que le *Chef gaulois* de M. Fremiet est dans de justes et d'excellentes proportions, tandis que *le Colin-Maillard*, statue en bronze par M. Leharivel-Durocher, a été conçu et exécuté dans des dimensions outrées que le sujet ne comporte pas. J'en dirai autant du *Combat de taureaux* de M. Clesinger, vaste composition d'un aspect aplati, où les lignes s'enchevêtrent les unes dans les autres, sans grandeur, sans distinction, et qui de loin ressemble à la pièce principale d'un gigantesque surtout de table. Ce sont des erreurs que ces essais de prétendue grande sculpture, et le plus souvent ils ne servent qu'à constater la faiblesse de l'artiste. La violence dans la médiocrité, ce qui est presque toujours le fait de M. Clesinger, n'est pas une force, et la grenouille a beau se gonfler jusqu'à devenir grosse comme un bœuf, ce n'est jamais qu'une grenouille. C'est le propre des époques de décadence que ce boursouflement des œuvres d'art : la dimension tient lieu de talent; on croit *faire grand* parce que l'on *fait énorme*, et l'on ne se rend pas compte que les proportions exagérées exagèrent les défauts. Pline raconte que Néron fit faire de lui un portrait haut de cent vingt pieds, qui fut détruit dans l'incendie des jardins de Maïus, et avant d'en parler il dit : *Et nostræ ætatis insaniam in pictura non omittam.* — Si les artistes n'y veillent sérieusement, s'ils n'abandonnent la voie où ils s'engagent depuis quelques années, ils arriveront vite à cette *insania*, à cette folie que l'historien signale en la blâmant.

Je ne puis dire à quel point je suis attristé de voir les sculpteurs se complaire à ce que j'appellerai les petits sujets et dédaigner l'allégorie, qui semble cependant avoir été inventée pour leur fournir d'inépuisables ressources. Les diverses religions ne sont point avares de motifs mythologiques, et depuis les trois Grâces jusqu'aux sept péchés capitaux, ils n'ont qu'à choisir : la substance ne leur fait point défaut. Les exemples que présente la tradition de leur art sont fertiles en enseignemens; ils n'ont qu'à étudier les maîtres pour savoir comment il faut interpréter la nature. L'antiquité leur apprend la grandeur, la renaissance leur apprend l'élégance, le XVIIIe siècle leur apprend la grâce. Comment se fait-il qu'en combinant ces trois élémens primordiaux ils ne soient pas encore parvenus à créer la statuaire moderne, et pourquoi ne peuvent-ils faire une statue drapée à l'antique sans que nous y sentions, non pas l'étude, mais l'imitation servile des œuvres léguées aux temps présens par les âges anciens? *La Victoire couronnant le drapeau français,* de M. Crauk, n'est certes point une statue médiocre. C'est une allégorie bien choisie et très appropriée à l'art statuaire. La vieille immortelle, toujours jeune, était faite pour tenter un talent qui déjà et plusieurs fois a donné ses preuves; mais en quoi diffère-t-elle d'une *victoire* antique? Elle dépose une couronne sur l'aigle d'un drapeau français, je le vois, mais c'est donc l'accessoire seul qui constitue l'allégorie? N'y a-t-il pas dans l'attitude générale, dans la physionomie, dans l'aspect particulier, n'y a-t-il pas à introduire quelque chose de spécial et d'essentiel qui accuse nettement notre temps et empêche toute confusion? Elle tient une couronne à la main, donc c'est une victoire; si elle portait une trompette, ce serait une renommée; si elle montrait une balance, ce serait une justice, et ses ailes lui serviraient à atteindre plus rapidement les coupables. C'est là ce que je reproche principalement à la façon dont les artistes comprennent et rendent l'allégorie; un détail seul la constitue : supprimez ce détail, elle disparaît. Ce défaut, je le sais, est inhérent aux sujets indéterminés, qui ont été interprétés avant nous, et qui nous sont, pour ainsi dire, imposés par une tradition dont nous n'osons sortir, parce que nous trouvons plus facile de la suivre humblement que de créer par nous-mêmes et à nouveau des œuvres qu'elle a déjà consacrées. Il y a là cependant un malentendu qu'il serait bon d'expliquer. Étudier les maîtres, ce n'est point les copier, ce n'est point les reproduire. Ceux que nous admirons le plus, Phidias, Michel-Ange, je ne recule pas devant les plus grands noms, ne feraient point aujourd'hui ce qu'ils ont fait jadis. Ils apporteraient dans leurs travaux le même génie, la même perfection, mais en les modifiant selon la différence de la civilisation, des religions et des connaissances humaines augmentées par la science successive de chaque siècle. Ce qu'il faut leur demander, ce qui est leur véritable et trop souvent leur impénétrable secret, c'est la façon dont ils voyaient la nature, dont ils combinaient les lignes, dont ils pondéraient les proportions, dont ils donnaient aux physionomies l'expression juste; mais ce qu'il ne faut point vouloir apprendre d'eux, c'est la composition allégorique, c'est l'attribut, c'est le symbole. Tout cela a changé, il suffit d'ouvrir les yeux pour le voir, et ce qui, dans cet ordre d'idées, convenait aux anciens ne peut plus convenir aux modernes par la seule raison que nous sommes les modernes et qu'ils sont les anciens. Malebranche a dit : « Les modernes peuvent savoir toutes les vérités que les anciens ont laissées et en trouver encore plusieurs autres. » Ceci est vrai pour l'art aussi bien que pour la philosophie, et je n'admets pas qu'il faille toujours et imperturbablement tourner dans le même cercle. Si M. Crauk avait à faire la Victoire couronnant les aigles romaines, quel changement apporterait-il à sa statue? Il enlèverait le pavillon du drapeau, la hampe surmontée de l'oiseau impérial figurerait fort bien une enseigne, et il n'aurait même pas à retoucher la figure. C'est là un tort qui ne manque pas de gravité, car il me paraît impossible qu'une statue puisse indifféremment servir de symbole à un peuple vivant il y a deux mille ans ou à un peuple vivant aujourd'hui, à une nation païenne ou à une nation chrétienne. C'est de la littérature, me dira-t-on; on m'accusera de demander à la sculpture plus qu'elle ne peut produire et de confondre deux arts très différens : la poésie, qui, s'exprimant par des mots, peut tout dire, et la statuaire, qui, s'exprimant par des lignes, reste forcément incapable de rendre certaines idées complexes. Je ne crois pas me tromper en affirmant que c'est d'art plastique seulement qu'il s'agit, et que la sculpture possède les moyens de donner un aspect moderne aux allégories modernes. Vouloir se restreindre absolument à l'exécution matérielle, négliger de parti-pris ou par impuissance toute tendance spiritualiste qui pourrait animer les œuvres d'art, est-ce faire acte d'artiste, et n'est-ce point plutôt se réduire souvent au rôle d'un habile ouvrier? Certes la statue de M. Crauk est de belle apparence, elle est sévère, soignée dans le détail et dans l'ensemble, elle a de la noblesse dans l'attitude, de la légèreté dans le mouvement et une certaine grâce austère : malgré la sécheresse des lignes du visage, elle est, au point de vue de l'exécution, digne de sérieux éloges; mais j'ai beau la regarder, tourner autour, admirer ses pieds charmans, ses ailes déployées, ses draperies savantes, quoique trop tourmentées, je n'y vois rien, absolument rien qui ne soit une bonne imitation de l'antique. D'où vient-elle? de Marathon, du Granique, de Pharsale, d'Austerlitz ou de Solferino? Si elle parlait et qu'on l'interrogeât, pourrait-elle répondre?

C'est cependant cette *Victoire* indéterminée qui est l'œuvre la plus remarquable de la section de sculpture; c'est celle du moins où l'on retrouve quelques-unes de ces hautes qualités qu'on aime à reconnaître dans une statue, et qui prouvent que l'artiste a donné à son ouvrage la plus grande somme de beauté qu'il a pu concevoir. Le style a été employé dans de justes proportions, car il en est qu'il ne faut point dépasser, sous peine de faire comme M. Cain, qui a tant cherché le style que le sujet lui-même disparaît, et que, dans l'animal colossal et rectiligne qu'il a produit, on a quelque peine à reconnaître une *lionne du Sahara*. Le style cependant n'est incompatible ni avec la vérité, ni avec une certaine grâce qui est nécessaire à l'art aussi bien qu'à la nature. M. Carpeaux le prouve par son buste de *la Palombella*. On peut lui reprocher, je le sais, d'avoir poncé les traits du visage, principalement les yeux, jusqu'à les rendre un peu trop indécis; cela cependant donne à la tête une tristesse et une rêverie qui ne sont point sans charme; ce défaut, car c'en est un, serait moins apparent, si les rinceaux du piédouche, sculptés d'un ciseau froid et sec, ne faisaient ressortir encore la mollesse de l'exécution générale. Les détails de costume, la chemisette, la collerette, la coiffure, sont traités avec une adresse remarquable, malgré une certaine afféterie évidemment préconçue et rendue intentionnellement. Ce buste serait le seul que nous aurions à citer si M. de Rougé n'avait exposé celui de *Champollion*, qui est destiné à l'une des salles du musée égyptien. Cette justice tardive était bien due à l'homme de génie qui a déchiré d'un seul coup le voile sous lequel dormaient vingt siècles des annales du monde, et qui a fait pour les sciences historiques ce que Cuvier a fait pour les sciences naturelles. Champollion, épuisé par ses travaux et par ses voyages, est mort en 1832; n'est-il pas douloureux de penser qu'il aura fallu attendre tant d'années avant de voir son image placée dans ce musée que, pour ainsi dire, il a créé tout seul, puisque sans lui, sans sa prodigieuse découverte, les objets qu'il renferme eussent été lettre close pour le monde entier?

Si nous avons cru devoir ne pas approuver complétement la manière dont M. Crauk a conçu sa Victoire d'après des réminiscences de l'antique, que dirons-nous de M. Falguière, qui expose *un vainqueur au combat de coqs?* Tous les élémens dont se compose cette statue, qui n'est point sans mérite, paraissent avoir été empruntés à des œuvres célèbres. L'enfant court avec rapidité, il s'enlève bien, touche à peine la terre, et se retourne par un mouvement de tête fort naturel; mais lorsque M. Falguière pensait à ce sujet, il me semble qu'il a dû voir en rêve l'*Atalante* du jardin des Tuileries, j'entends celle de Coustou, et le *Mercure* de Jean de Bologne, qui est aux Offices de Florence. En effet, l'attitude générale, le geste particulier de la tête appartiennent à la première, la position de la jambe et du pied appartient au second. « N'allez pas, dit encore Émeric David, composer une figure en réunissant des membres de différentes statues. Cet art serait commode, s'il pouvait réussir; il trompe quelquefois le demi-connaisseur, mais la froideur de l'ouvrage en trahit le secret. » Là est toute la critique que nous voulions adresser à M. Falguière, car ce qui dans sa statue n'est pas une réminiscence trop directe est bien fait et mérite d'être loué, ne serait-ce que le visage souriant, modelé d'une main légère et déjà habile. Cette statue est en bronze, et par malheur l'emmanchement des différentes pièces s'y reconnaît trop facilement; la façon dont les deux parties de la cuisse droite sont *brasées* à froid est insuffisante, et une différence visible dans la composition du bronze, qui ôte l'uniformité à la patine, rend plus saillant encore ce défaut, dont l'artiste n'est pas responsable. Je regrette que les sculpteurs ne se soient pas étudiés à manier le bronze; c'est une fort belle matière, facile à travailler, qui, loin d'être rebelle à la lime, en subit les moindres inflexions, qui comporte toutes les réparations possibles, et dont on ne devrait pas abandonner l'emploi définitif à des ouvriers qui, si habiles qu'ils soient, ne peuvent jamais rendre exactement la pensée d'un artiste. C'est le statuaire aussi qui devrait donner la patine à ses bronzes; c'est l'épiderme, c'est la coloration de la statue, et cela vaut la peine qu'on y prenne garde. Depuis la patine sombre d'Herculanum jusqu'à la chaude patine des Florentins de la renaissance, depuis la patine bleue de Pompéi jusqu'à la patine vernie des Japonais, il y a mille nuances qui ne sont point indifférentes, et qu'un artiste doit choisir après les avoir comparées et raisonnées. M. Barye obtient lui-même, à force de travail et de soins, ces magnifiques teintes couleur de malachite qui donnent un si vif relief à ses bronzes et font l'admiration de tous les amateurs. Si, recevant les pièces de la main du fondeur, le statuaire les *reparait* lui-même, son œuvre, il n'en faut pas douter, gagnerait une originalité que la main de l'artiste peut seule trouver, et que la main de l'ouvrier ne pourra jamais indiquer qu'imparfaitement.

Nous arrêterions ici notre compte-rendu de la sculpture, si les membres du jury pour cette section n'avaient accordé la médaille d'honneur à M. Brian, que la mort vient d'enlever récemment. La statue qu'il n'a pu achever représente *Mercure*. Est-ce bien le messager des dieux? N'est-ce pas plutôt un Giotto s'essayant à dessiner sur le sable? Confusion singulière et qui prouve une fois de plus avec quelle indécision la plupart des artistes traitent leur sujet. C'est une ébauche. Un homme est assis, inclinant la tête vers la terre, les jambes à demi croisées; on ne peut que deviner la position des bras : l'un est brisé, l'autre eût été évidemment repris dans sa forme et dans son mouvement. Jusqu'à un certain point, cette figure incomplète, dont le geste est indéterminé, peut rappeler un Mercure rattachant ses talonnières, mais rien de spécial ne peut le démontrer. Telle qu'elle est néanmoins, cette statue est touchante à voir, car on comprend que la mort a dû briser l'ébauchoir dans la main qui travaillait encore, et nous ne trouvons pas en nous la force de blâmer le jury d'avoir donné une grande récompense posthume à celui qui, pendant sa vie, n'obtint aucune distinction particulière. Il eut son jour cependant, et il put croire, comme tant d'autres, que la célébrité allait ouvrir devant lui les doubles portes de la fortune et de la gloire. En 1832, il avait mérité le premier grand prix de Rome, et son dernier envoi, un *Jeune Faune,* statue en marbre exposée en 1840, lui valut les éloges de la critique, l'approbation de ses confrères, et d'emblée une médaille de première classe, ce qui n'était point peu de chose à une époque où le gouvernement mesurait ses récompenses et ses encouragemens d'une main moins prodigue qu'aujourd'hui. Autour de son nom, il se fit quelque bruit : lorsqu'on parlait de l'avenir de la sculpture en France, on se rappelait ce *Faune* à la fois plein d'élégance et de force, et l'on disait : Il y a Brian. Pradier, je m'en souviens, avait espoir en lui, quoiqu'il ne portât jamais qu'un intérêt assez restreint aux élèves de David d'Angers. Quelle faiblesse vint donc saisir tout à coup cet homme de bon vouloir au moment même de sa maturité? Pour quelle raison laissa-t-on retomber promptement dans l'oubli celui qui y avait échappé par une œuvre remarquable, restée présente encore aujourd'hui à la mémoire de ceux qui l'ont vue jadis? Il y a là certainement un mystère douloureux, car à partir de 1840 Brian disparaît pour ainsi dire des expositions. On le retrouve en 1843, en 1844, en 1845 et 1863 avec des bustes, ceux de MM. E. Pelletan, Lamartine, Aimé Martin, Romain-Desfossés; en 1847 seulement, on voit de lui une statue en plâtre, *Nicolas Poussin.* Que lui a-t-il manqué, le courage ou l'encouragement? Je ne sais; bien souvent le second produit le premier, et la récompense tardive, affirmant un talent qui a peut-être appris à douter de lui-même dans la solitude et dans l'obscurité, aurait sans doute avivé ses forces et ranimé son esprit, si elle avait été accordée avant l'heure fatale qui la rend illusoire.

II.

Lorsqu'un monument ébranlé par l'âge se lézarde et menace ruine, les herbes folles poussent à ses pieds, les lierres dévorans grimpent le long de ses murailles, les ravenelles couronnent son faîte; la nature le réclame et en prend possession. En est-il donc ainsi de l'art? Je le croirais volontiers, car depuis quelques années le *paysage* envahit la peinture, et la seule école vraiment féconde fondée par les artistes de la France moderne est l'école des paysagistes. Cela tient à bien des causes que j'indiquerai sommairement, car toutes les fois qu'un phénomène se produit, il n'est pas inutile d'en rechercher les raisons déterminantes. C'est le propre des vieillards de faire un retour vers les champs et d'aller leur demander le repos. La vieille société française, lorsqu'elle touchait déjà au terme inattendu et violent de sa longue existence, travaillée à son insu par les fermens de dissolution qu'elle portait en elle, s'étourdissant à force de plaisirs, d'arbitraire, de luxe coupable, déifiant les danseuses, adorant la prostitution assise sur un bras du trône, commençant cette étrange et élégante danse macabre qui devait tourbillonner jusqu'à la place de la Révolution, — la vieille société française fut tout à coup prise de désirs bucoliques, et elle suivit aveuglément le cri de ralliement poussé par Rousseau : « Revenons à la nature! » Certes, en parlant ainsi, Jean-Jacques croyait indiquer le moyen de salut, et il ne s'apercevait pas qu'il ne faisait que constater un symptôme. Ce goût nouveau revêtit le caractère affecté qui convenait à l'époque : ce ne fut que bergeries, enthousiasme pour les vallons solitaires, imitation de pastorales, églogues et géorgiques. Je ne veux point dire que nous en soyons revenus à cet état à la fois plein d'ostentation et de misère qui précède les cataclysmes; cependant on peut confesser que l'heure où nous vivons est dure, et que, sous des apparences qu'elle s'efforce de rendre aimables, elle cache de pénibles réalités et des douleurs poignantes. Nous sommes bien vieux, nous sommes bien las; nous avons été trompés ou déçus si souvent que nous ne croyons plus guère aux hommes; les principes les plus élevés se sont changés en intérêts mesquins entre les mains de ceux qui devaient les appliquer; nous sommes forcés de tourner dans le cercle étroit où les circonstances nous renferment violemment, nous voulons nous échapper à tout prix, conquérir, à défaut d'autres, la liberté de notre individualité; nous usons de l'un des derniers droits qui nous aient été laissés, le droit à la solitude, et nous allons interroger la nature, nous perdre dans son sein, nous baigner dans ses effluves, et réclamer d'elle une paix que nous ne trouvons ni en nous ni autour de nous. L'art nous suit dans cette voie douloureuse, pleine de défaillances, et les peintres, obéissant instinctivement à la tendance générale, deviennent presque tous des paysagistes. Et puis l'espèce de panthéisme vague et consolant que les écoles socialistes modernes ont promulgué n'a-t-il pas appris aux artistes que Dieu est partout, dans l'arbre comme dans l'homme, dans l'animal comme dans la plante? Aussi le paysage autoritaire et rectiligne a disparu, et l'on se contente aujourd'hui de copier ou d'interpréter un site agréable, certain d'y rencontrer des beautés naturelles supérieures aux beautés de convention qu'on exigeait jadis. La facilité, la rapidité des communications ont encouragé les peintres à des voyages lointains et curieux qui leur étaient interdits autrefois; la nature n'a plus de secrets pour eux : l'Égypte, le Sahara, sont à nos portes, et chaque exposition fait passer sous nos yeux les archives plastiques de l'univers entier. Les découvertes scientifiques modernes sont aussi venues en aide à la peinture, et la photographie a enseigné aux peintres l'anatomie des arbres qu'ils ignoraient jadis. De plus, aux causes que je viens d'indiquer, il faut en ajouter une d'un ordre beaucoup moins élevé, et qui cependant ne manque pas d'une certaine importance. La figure, j'entends la figure épique, celle qui doit prendre place dans de grandes compositions, est la pierre d'achoppement de beaucoup de peintres; voyant, après d'inutiles efforts, qu'ils n'arriveront jamais à exécuter d'une façon suffisante celui qui est fait à l'image de Dieu, l'homme, ils se rabattent sur le paysage, toujours plus facile à traiter, plus obscur, moins défini; en un mot, se sentant impuissans à rendre l'expression, ils se contentent de traduire l'impression.

Autrefois c'était le *paysage historique* qui régnait sans contrôle : sous prétexte de suivre la tradition laissée par Poussin et par Claude le Lorrain, qui furent cependant deux admirables peintres naturalistes, on crut devoir composer des paysages, prendre arbitrairement un fleuve ici, une forêt là, une ville plus loin; la ruine, l'inévitable ruine n'y manquait guère. Les documens étaient rarement fournis par la nature, et le plus souvent on les empruntait à des tableaux célèbres légués par les maîtres du XVIIe siècle. Un tel état de choses ne pouvait durer, une révolution était imminente dans cet art devenu barbare à force de raffinement, et ce fut un Anglais qui, le premier, donna le signal de l'insurrection. John Sell Cotman fut longtemps ignoré, même dans son pays; un de ses premiers dessins (une eau-forte ou plutôt un *vernis mou*), représentant une charrue abandonnée dans un champ, porte la date de 1814. Quand son œuvre, qui est considérable, parvint-elle en France? Je l'ignore, mais j'ai tout lieu de croire qu'elle n'a pas été sans influence sur nos paysagistes modernes et que Decamps s'en est souvent inspiré. Le premier qui, chez nous, osa arborer courageusement l'étendard de la révolte contre les doctrines qui prévalaient dans la composition du paysage, le premier qui eut l'audace, fort grande alors, d'exposer un tableau simple, vrai, qui représentait un aspect banal pris aux environs de Paris, fut M. Cabat. Incontestablement il est le chef de l'école moderne des paysagistes. C'est une gloire à n'en pas vouloir d'autre. Du reste il n'a point déserté le combat, et les toiles qu'il expose aujourd'hui prouvent que s'il n'a pas modifié la lourdeur essentielle de sa touche, il a gardé les grandes qualités qui ont établi et maintenu sa réputation. De ses deux tableaux, *une Source dans les bois* est celui que nous préférons; la forêt est sombre, traversée par un chemin grisâtre près duquel une auge en pierre garde l'eau qui s'écoule goutte à goutte. Il y a du charme et du mystère, quoique les ombres soient trop poussées au noir et que le modelé ait une solidité exagérée parfois jusqu'à l'épaisseur. A voir cette toile, on comprend que l'homme qui l'a peinte est un familier de la nature, qu'il l'a contemplée, qu'il l'a aimée, qu'il s'est identifié à elle autant qu'il a pu. Derrière ce général viennent les soldats; mais, hélas! il faut bien le dire, ce sont tous des vétérans, ce sont tous des artistes connus, sinon célèbres, et qui ne cessent de donner à la jeune génération des exemples qu'elle ne s'empresse pas de suivre. Quel mauvais génie l'aveugle donc, paralyse ses bras, et semble la condamner à des œuvres mièvres et médiocres? Est-il donc vrai qu'il faut avoir lutté librement dans sa jeunesse pour pouvoir triompher dans les combats de l'âge mûr?

La plupart de ceux dont je parle n'ont jamais du reste été coupables d'abstention; à chaque salon, ils se sont montrés redoublant d'efforts pour atténuer leurs défauts, cherchant toujours une perfection plus haute, tendant sans cesse vers un idéal plus élevé, ne considérant les éloges que comme une excitation à mieux faire, et prouvant par des progrès renouvelés l'excellente volonté qui les animait. C'est ainsi que M. Lanoue arrive à exposer aujourd'hui *une Vue du Tibre prise de l'Acqua Accetosa,* qui est un excellent tableau. Le paysage est d'une extrême simplicité; la verte campagne romaine, coupée par les eaux tranquilles du fleuve, s'étend à perte de vue jusqu'aux montagnes qui bleuissent à l'horizon. Le coloris, à la fois ferme et limpide, fait valoir la pureté des lignes qu'une lumière ambiante, très claire sans être criarde, semble rendre plus nettes et plus solides. Le long travail de M. Lanoue obtient enfin le succès qu'il méritait. A force de labeur et sans se décourager, il est parvenu à se débarrasser de ces teintes noires, de ces lourdeurs de faire qui autrefois déparaient ses toiles. La voie est trouvée, il s'agit maintenant d'y marcher d'un bon pas, sans défaillance, et il suffit parfois à un artiste courageux d'avoir atteint le but qu'il poursuivait depuis longtemps, pour comprendre tout à coup dans quelle direction son talent trouvera son développement complet. Nous avons tous notre voile sur les yeux; heureux ceux qui peuvent le déchirer, ne fût-ce que pendant une seconde, car lorsqu'on sait où brille la lumière, il est facile de se diriger vers elle. Le cerveau des artistes est plein d'hésitation; ils recherchent toujours cette clarté dont je parle. Eux qui ont conscience de leurs efforts, ils doivent souvent nous trouver injustes dans les reproches que nous leur adressons : c'est que nous ne pouvons juger que des résultats acquis, l'intention nous échappe forcément, nous ne devons du reste en tenir aucun compte; nous avons à juger l'œuvre en elle-même, toute considération mise à part, et nous sommes vis-à-vis de leurs tableaux comme Alceste vis-à-vis du sonnet d'Oronte.

Il est certain que M. Rousseau subissait depuis quelques années, en apparence du moins, un affaissement tenant peut-être à des tentatives nouvelles qui n'ont point abouti. Fidèle à ses premières tendances, il y revient aujourd'hui naïvement, avec sincérité, et on ne saurait trop l'approuver. Sa *Chaumière sous les arbres* est une toile de son bon temps; malheureusement elle a été agrandie après coup, ce qui interrompt les terrains du premier plan par un boursouflement désagréable que l'on ne peut reprocher au peintre. Cependant il faut éviter ces rentoilemens par juxta-position, ils nuisent toujours à l'excellence du tableau, et chacun peut constater le déplorable effet qu'ils finissent par produire en regardant le portrait de Cherubini, par M. Ingres, qui est au musée du Luxembourg. Quoi qu'il en soit de ce détail matériel, le paysage, d'un vert profond et comme bronzé, égayé par la teinte bleue d'une robe de paysanne, est un des meilleurs que l'on doive à la fécondité de M. Rousseau. Si l'on est en droit de lui reprocher quelques lourdeurs dans le feuillé des arbres, on ne peut que louer l'harmonie générale et l'effet très sérieux, triste et puissant, obtenu par l'emploi des grandes masses percées seulement çà et là par une éclaircie du ciel. Je remarque avec surprise que la plupart des paysagistes ont dans la main une certaine pesanteur native dont ils ne parviennent pas toujours à se débarrasser; je l'ai reprochée à M. Cabat, je la constate chez M. Rousseau, je la retrouve chez M. Français, qui cependant s'en corrige peu à peu. Sous ce rapport, chaque année affirme un progrès, et je ne doute pas qu'il ne finisse par donner à son pinceau l'exquise légèreté de son crayon. Son *Bois sacré* ne vaut certes point l'*Orphée* exposé au salon de 1863, et qui est resté dans mon souvenir comme un des meilleurs paysages à la fois héroïques et naturels que l'on pût voir; mais ce n'en est pas moins une toile importante. Ce n'est plus la mystérieuse tristesse de la nuit que M. Français a essayé de rendre; il s'en est pris cette fois à une des fêtes de la nature, à une de ces aubes de printemps où tout est lumière, fraîcheur et parfum. Dans un *lucus* où l'on croit entendre la plaintive mélodie des dryades, un ruisseau transparent roule sur un lit de gravier et baigne de ses ondes rapides les hautes herbes, les fleurs ondoyantes qui bordent ses rives; de jeunes arbres tout humides de rosée laissent tomber une ombre verte et légère du haut de leurs feuilles, qu'éclairent sans les pénétrer les rayons du soleil; un ciel d'un azur encore pâle colore la blonde verdure de la forêt et forme avec elle une harmonie du plus haut goût. Une cascade qui écume dans le lointain, au sommet d'une colline, coupe malheureusement, à mon avis, la belle coloration générale, qui, si elle avait été maintenue entre les deux teintes-mères, aurait conservé une sobriété plus magistrale et plus ample. Je sais que cette cascade, que cette nuance d'un blanc savonneux donnent un plan de plus à la composition et par conséquent plus de profondeur à l'horizon ; mais cette fois, je l'avoue, j'aurais sacrifié la ligne à la couleur, et j'aurais évité cette note douteuse qui rompt l'harmonie de la tonalité. De même, à la place de M. Français, j'aurais supprimé la roche plate, d'une forme lourde, qui s'étale sans raison dans ce joli ruisseau qu'elle ne fait que déparer sans nécessité pour l'ensemble des lignes; en un mot, j'aurais simplifié la composition, je l'aurais débarrassée des accessoires inutiles, je n'aurais point assis sous les arbres ce satyre et ce berger, et je serais arrivé, je crois, à un résultat meilleur, à produire un effet abstrait de fraîcheur et de printemps, et c'est là, je n'en doute pas, ce que l'artiste cherchait. Son tableau, qui, tel qu'il est, je le répète, est remarquable, eût donné une impression plus mystérieuse, plus profonde; la nature est pleine de ces solitudes charmantes devant lesquelles on s'absorbe avec admiration et que la présence seule de l'homme, fût-il pâtre ou sylvain, suffit à troubler. Les véritables habitans de ce *bois sacré*, c'étaient les fleurs printanières, les branches flexibles et l'invisible nymphe qui pleure en chantant au loin dans la grotte, et dont les larmes coulent en reflétant l'ombre mobile des feuilles caressées par la brise. Il est bon d'être peintre, de savoir à fond son métier, d'en connaître tous les secrets; mais il faut quelquefois être poète, cela ne peut pas nuire. M. Corot seul suffirait à le prouver; il ne copie jamais la nature, il y songe et la reproduit telle qu'il la voit dans ses rêveries : rêveries gracieuses qui conviendraient au pays des péris et des fées. Un sentiment délicat lui tient lieu de science, et quoique ses tableaux soient d'un art civilisé souvent jusqu'à l'excès, j'y trouve une naïveté qui me séduit et m'arrête. Je ne puis regarder une de ses toiles sans penser aux contes de Perrault, et je crois apercevoir entre ces deux maîtres une affinité singulière. M. Corot seul eût été capable de peindre, pour

Peau-d'Ane, la robe couleur du temps, et Perrault seul aussi pourrait inventer des princesses dignes de marcher sur le bord des lacs que nous montre M. Corot. La simplicité des moyens qu'il emploie est extraordinaire; les scènes les plus vulgaires sont celles qu'il préfère, et en les interprétant il sait nous émouvoir : un ciel, un étang brumeux, un arbre lui suffisent. Il les voit à travers je ne sais quel prisme lumineux dont il a le secret et dont il sait faire partager le charme au spectateur. Sa couleur est-elle juste? son dessin ést-il exact et pur? Je ne pense même pas à m'en inquiéter, tant cette poésie me frappe et me captive.

Le *Souvenir de Mortefontaine*, de M. Corot, est une petite toile pleine de clarté, qui possède et répand autour d'elle une sorte de lumière essentielle et native; le voisinage écrasant d'un effet de neige et d'un effet de soleil dans le désert, loin de l'affaiblir, semble, par comparaison, la rendre plus brillante encore. Un ciel éclatant de blancheur, un lac sur lequel glisse le léger brouillard du matin, un arbre découpé en silhouette, c'est tout; mais l'aspect nacré de cette peinture, le sentiment profond qui en émane ont quelque chose de surnaturel et d'attractif qui déjoue toute critique et empêche de demander compte à l'artiste des singularités de sa brosse lorsqu'il peint les arbres et du laisser-aller de son crayon lorsqu'il les dessine. M. Corot a une qualité remarquable qui échappe à la plupart des artistes de notre temps; il sait créer. Son point de départ est toujours dans la nature; mais lorsqu'il en arrive à l'interprétation, il ne copie plus, il se rappelle et atteint immédiatement à une altitude supérieure et tout à fait épurée. C'est ainsi qu'il faut agir. Un fait brutal, un site vulgaire doit faire germer dans le cerveau d'un artiste bien doué une conception élevée : M. Cavelier aperçoit dans une auberge une servante endormie, et il voit apparaître en lui la *Pénélope*, qui est une des meilleures statues du XIXe siècle. M. Français, en passant sur le boulevard Montparnasse, s'arrête à contempler la lune derrière un ormeau, et son *Orphée* est trouvé. C'est à cette seule condition que la sculpture et la peinture sont des arts, et elles restent des métiers lorsqu'elles se contentent de l'imitation servile de la nature (1). Les seuls arts créateurs sont en réalité la poésie et la musique; les Grecs, nos maîtres en ces

(1) Il me paraît curieux de donner à ce sujet l'opinion d'un homme de génie. En 1817, lord Byron écrivait, en parlant de la peinture : « De tous les arts, c'est le plus artificiel et le moins naturel; c'est celui à propos duquel il est le plus facile d'en imposer à la sottise humaine. Je n'ai jamais vu de ma vie une statue ou un tableau qui n'ait été à une lieue au moins en-deçà de mon idée et de mon attente; j'ai vu beaucoup de montagnes, de mers, de fleuves, de sites et deux ou trois femmes qui allaient à une lieue au moins au-delà. »

matières, l'ont du moins toujours entendu ainsi. Dans cet olympe de l'Hellade, où chaque manifestation de l'esprit humain, chaque faculté fut déifiée et symbolisée, on trouve Thalie, la comédie,—Melpomène, la tragédie, — Érato, l'élégie, — Polymnie, la poésie lyrique, — Euterpe, la musique; mais parmi ces filles de Jupiter et de Mnémosyne on cherche en vain celles qui présideraient à la peinture et à la sculpture. Ce n'est que justice. En effet, par la combinaison des lettres de l'alphabet, par la combinaison des sept notes, on peut arriver à faire naître chez les hommes des idées et des sensations absolument nouvelles, et qui sont le produit essentiel, subjectif de l'inspiration et de la réflexion du cerveau, tandis que pour la sculpture et la peinture il n'en est point ainsi. Quelque admirables que soient un tableau, une statue, leur origine est toujours extérieure et objective; le document existe qui a servi à déterminer l'œuvre; le thème que l'artiste a choisi est connu; quel qu'il soit, il est dans la nature. Chez les peintres même, Breughel, Callot, Teniers, qui ont fait la plus large part à la fantaisie, l'imagination reste encore incapable de créer; leurs animaux fantastiques n'ont d'élémens que dans la nature, et ce n'est point inventer une forme particulière que d'agencer un *massacre* de cerf sur un corps de lézard. Parmi les arts plastiques, l'architecture, procédant par combinaison et cherchant musicalement, pour ainsi dire, la précise harmonie des lignes, pourrait peut-être réclamer son droit de cité parmi les créateurs; quant à la sculpture et à la peinture, ce sont des arts d'imitation, pas autre chose, et ce serait à mon sens commettre un étrange abus que de les placer au niveau de la poésie et de la musique, qui seules ont le caractère distinctif de la puissance créatrice, car seules elles font de rien quelque chose.

La plupart des peintres de nos jours semblent, du reste, se contenter de cette mission peu importante; dédaignant tout travail intellectuel qui pourrait leur apprendre à idéaliser quelque peu l'art matériel par excellence qu'ils exercent, ils ne se préoccupent guère que de l'exécution, et ne s'aperçoivent pas qu'en agissant ainsi ils en viennent à n'être plus que de très adroits ouvriers. Que dire, par exemple, de M. Blaise Desgoffe, sinon que son tableau, *Fruits et Bijoux*, est plutôt un objet de haute curiosité qu'une œuvre d'art? Jamais peut-être la science du *trompe-l'œil* n'a été plus loin, et ce serait admirable, s'il n'était puéril de dépenser de tels et si consciencieux efforts pour arriver à un résultat presque négatif, c'est-à-dire uniquement obtenu pour le plaisir des yeux et ne s'adressant à aucune des facultés de l'esprit. Il y a là des raisins, un bout d'étoffe, qui sont extraordinaires, j'en conviens; jamais Denner lui-même n'a atteint à ce degré de finesse et de rendu; la branche de cerise, le verre qui est peint de telle sorte qu'on peut facilement reconnaître qu'il est en cristal de roche, la crépine d'or du velours vert, sont des merveilles d'exécution, et je ne sais si l'imitation a jamais été poussée à ce degré surprenant. Ai-je besoin de dire que cette peinture est faite sur panneau, afin que le grain d'une toile ne pût altérer le minutieux travail du pinceau? C'est une chinoiserie exquise, mais parfaitement inutile, et je me demande si les admirateurs de ce genre de talent ne ressemblent pas à un homme qui, dans le manuscrit d'un poème, ne se préoccuperait que de la calligraphie. C'est très curieux comme tour de force, mais, il faut le dire, c'est un enfantillage, et à ce tableau je préfère, sans hésiter, les *Fruits cueillis* de M. Maisiat. Au moins là je reconnais de véritables qualités de peintre, et je ne me trouve plus en présence d'une œuvre où la patience et la volonté ont tout fait. M. Maisiat a choisi un thème de coloration très chaude et l'a développé avec un vif sentiment de l'harmonie. L'exécution, à la fois large et serrée, est assez parfaite pour ne se laisser deviner que très difficilement; une atmosphère habilement distribuée circule à travers ces fruits et ces feuillages détachés de leur tige; c'est beau comme une belle tapisserie des Gobelins, mais j'estime que M. Maisiat, maître d'un talent comme le sien, devrait être tenté par des sujets pris en dehors de ce qu'on appelle la *nature morte.* Faut-il toujours le répéter? Le but suprême offert aux tentatives des artistes, c'est l'homme, et il vaut mieux être un peintre d'histoire de second ordre que de surpasser van Huysum, Mignon et Ruoppoli. Je sais que la plupart des artistes ne partagent point cette opinion, et l'on aurait tort de croire qu'ils sont entraînés à choisir tel ou tel sujet par la grandeur qu'il comporte ou par le sentiment qu'il exprime; la cause déterminante de leur préférence est d'un ordre moins élevé, et le plus souvent ils ne sont influencés que par un ton qui leur plaît ou une difficulté de coloris qui les séduit.

III.

La coloration, je le sais, est une des parties les plus importantes de la peinture, car c'est elle qui fait le charme d'un tableau et produit l'impression première. Les maîtres le savaient, aussi la soignaient-ils particulièrement. L'abbé Lanzi rapporte, d'après Boschini, que « la maxime favorite de Titien était que celui qui veut être peintre doit bien connaître trois couleurs et s'en rendre maître, — le rouge, le blanc et le noir. » Est-ce cette maxime dont M. Bonnat a cherché l'application en peignant ses *Pèlerins aux pieds de la statue de saint Pierre dans l'église de Saint-Pierre de Rome?* Je le croirais volontiers, car ce tableau offre, dans son harmonie générale, des qualités qui méritent d'être signalées. La vieille statue de bronze est bien connue des voyageurs; ils l'ont tous vue sous son dais rouge, et ils ont pu constater que le pouce de son pied droit est usé par les baisers des fidèles. Aujourd'hui c'est un saint Pierre, autrefois c'était un Jupiter; aux foudres païens on a substitué les clés catholiques, la tête a été ceinte d'un nimbe crucifère, et le dieu détrôné, modifié pour les circonstances, est devenu le prince des apôtres. Il en est, hélas! des dynasties divines ainsi que des dynasties humaines; les souverains de l'empyrée ne sont pas plus inamovibles que les souverains de la terre; Jupiter est remplacé par Jéhovah, comme lui-même remplaça Saturne, qui remplaça Uranus : faits insignifians en apparence et d'où l'on pourrait conclure cependant que le véritable maître de la création c'est l'homme, puisqu'il change à son gré ses rois et ses dieux. M. Bonnat a bien rendu la naïveté grandiose du saint; il a tiré un bon parti des colorations rouges, noires et blanches qu'il avait su choisir avec discernement, et toute la composition, tenue dans une gamme étouffée, mais puissante, est entendue d'une façon qui n'est point commune. Des femmes de la campagne romaine, portant le costume de Rocca di Papa et de Castel-Gandolfo, sont agenouillées autour de la statue; l'une d'elles, debout, lui baise le pied; nous engagerons M. Bonnat à revoir avec soin le dessin de la main gauche de cette femme, il laisse à désirer sous tous les rapports et figure une pince de homard bien plutôt qu'une main. Non loin une femme agenouillée et vêtue de noir prie, la tête inclinée sur la poitrine, et forme un contraste bien rendu avec les paysannes qui l'entourent. Il y a, je crois, dans M. Bonnat, l'étoffe d'un coloriste très sérieux; il sait peindre, comme la plupart des artistes qui ont reçu les leçons de M. Léon Cogniet; s'il consent à placer son idéal assez haut pour n'être point satisfait de ses œuvres actuelles, s'il veut considérer que son succès d'aujourd'hui n'a rien de définitif, et ne doit que le rendre plus difficile pour lui-même, s'il ne cesse de travailler en agrandissant son horizon, s'il comprend que l'art donne d'autant plus qu'on est plus exigeant avec lui, je pense qu'il arrivera à se créer une place enviable parmi les artistes de notre temps.

Le maître charmant des colorations élégantes semble avoir eu quelque défaillance cette année; en choisissant de parti-pris une harmonie en gris mineur, M. Fromentin n'a-t-il pas abdiqué volontairement une partie de ses qualités, qu'on devine plutôt qu'on ne les retrouve dans son tableau représentant *un coup de vent dans les plaines d'Alfa* (*Sahara*)? Peut-être sommes-nous trop sévère; accoutumé à si bien admirer la finesse de son coloris dans les gammes lumineuses, nous restons surpris et comme dérouté en présence de ce ciel sombre, charriant des nuages obscurs et couvrant d'une demi-teinte presque nocturne un groupe d'Arabes surpris par l'orage. Les chevaux se tassent les uns contre les autres, les lourds burnous des cavaliers volent au-dessus de leur tête; les roseaux (*alfa*) se courbent sous la tempête qui mugit et verse ses torrents. Certes le mouvement est vrai, la scène prise sur nature est rendue avec l'habile exactitude familière à l'artiste; mais la note qui donne le ton à cette lugubre symphonie est celle d'un cheval gris de fer, d'un cheval bleu, diraient les Arabes, et M. Fromentin a dû toujours se tenir dans des nuances froides, neutres, auxquelles il ne nous a pas habitués. Je sais que son tableau gagne en solidité ce qu'il me semble avoir perdu en coloris; néanmoins en le regardant, et malgré moi, je regrette ces effets de lumière, ces paysages animés, ces costumes éclatans, cette limpidité d'atmosphère, cette légèreté de teintes se côtoyant sans jamais se heurter, ces fêtes de soleil et d'azur où il excelle. Pour bien juger ce *coup de vent*, j'aurais voulu le voir à côté d'une autre toile de M. Fromentin; de cette façon nous l'aurions eu complet sous les yeux. L'un des tableaux eût été le commentaire de l'autre; nous aurions oublié ce *repentir* de selle qui produit un si singulier effet sur le ciel gris; nous aurions, j'en suis convaincu, trouvé dans d'autres draperies une légèreté de brosse qui fait défaut à celles-ci, et nous aurions compris alors pourquoi M. Fromentin a tenu à nous montrer un fait exceptionnel et relatif placé très loin de l'abstrait qu'il a toujours cherché. En effet, c'est là le reproche le plus grave qu'on puisse adresser au jeune maître. A tort ou à raison, l'Orient, particulièrement le Sahara, passe pour le pays du soleil par excellence. C'est la patrie de l'aridité, de la chaleur, du miroitement, de l'azur implacable et infini. S'il y a des tempêtes, ce sont des tempêtes de sable; s'il y a des tourbillons, ils poussent devant eux l'haleine brûlante du *khamsin*, et non point des torrens d'eau. M. Fromentin sait aussi bien que moi comment les Arabes appellent le Sahara : « le pays de la soif. » Un orage humide dans le désert, ce n'est plus le désert. Le désert abstrait, c'est une ligne rose et une ligne bleue, le sable et le ciel. — Or quelle différence existe-t-il entre ce *coup de vent* dans des plaines herbues et un coup de vent dans les pâturages de la Normandie? Aucune sous le rapport de l'aspect général. Que faudrait-il changer pour que l'un devînt l'autre? Les costumes, c'est-à-dire l'accessoire. — M. Fromentin doit m'entendre, je n'en doute pas, et il doit surtout comprendre combien il m'est pénible de n'avoir pas à le louer exclusivement dans un recueil où tous les lecteurs sont, comme moi-même, habitués à l'admirer, soit qu'il tienne la plume, soit qu'il tienne le pinceau. Ce n'est point que je veuille parquer M. Fromentin dans un genre spécial et faire de lui le peintre patenté des ciels purs et des Arabes en costume de fête : non pas; il nous a prouvé assez souvent la flexibilité de son talent, les ressources variées qu'il possède, pour que nous ayons en lui une confiance qu'un fait passager ne peut démentir. Nous savons très bien que M. Fromentin ne ressemble en rien à ces artistes qui, tournant toujours dans le même cercle, répétant sans relâche leurs productions, pour peu qu'elles aient obtenu une fois quelque succès, refont incessamment le même clair de lune, la même allégorie sous des noms différens, le même Breton dansant avec la même Bretonne, le même soldat debout, couché, blessé, victorieux, mourant; c'est là un fait de stérilité et de vanité puérile dont jamais il ne s'est rendu coupable; il a toujours cherché mieux et plus haut; il a développé sans repos les qualités sérieuses dont il ne portait primitivement que le germe; dans le domaine de l'art comme dans celui de la nature, il a choisi, entraîné par ses affinités électives, la lumière et la couleur; il leur a été infidèle aujourd'hui, et nous sommes en droit de le lui reprocher, car son tableau est d'un caractère indéfini et douteux qui peut-être ferait la gloire d'un autre peintre, mais qui n'est point, à notre avis, tout à fait digne de l'artiste éminent à qui l'on doit *le Berger kabyle* et le *Bivouac au lever du jour*.

Ce qui manque le plus souvent aux artistes, ce sont les idées générales. Il me semble qu'ils devraient toujours être séduits par des sujets abstraits : *le printemps*, *la mort*, *la guerre*, toute allégorie mise de côté. Loin de là, ils recherchent l'exception, ce qui est bien plus le fait de la littérature que des arts plastiques; ils aiment l'étrange, et ne voient pas qu'ainsi ils se rendent parfois inintelligibles, tandis que leur effort principal doit tendre à être compris immédiatement et par tous. Aussi sommes-nous heureux lorsque nous voyons un peintre se mettre d'emblée en communication avec le public, non point, bien entendu, par le sujet en lui-même, mais par la façon dont il l'a traité. M. Schreyer est dans ce cas, et son *Arabe en chasse* exprime sans ambiguïté ce que l'artiste a voulu. Malgré une nuance dominante gorge de pigeon, qui touche à l'afféterie, la coloration générale n'est point mauvaise. Le ciel est grisâtre, zébré de teintes d'un roux indécis, et il se marie bien avec des terrains d'une facture trop lâchée, qui servent de berge à un ravin dont l'eau presque dormante forme le premier plan. Un Arabe couvert de vêtemens qui tirent sur le blanc, monté sur un cheval d'un gris très clair, se lève sur ses larges étriers et examine la plaine que le spectateur devine sans l'apercevoir. Le cavalier, vu de dos, à demi retourné, montrant de profil perdu son visage basané, est dans une posture exacte qu'il était difficile de mieux rendre. Dans son mouvement d'ensemble et dans son geste spécial, on reconnaît la préoccupation, la recherche, l'inquiétude. La main qui a dessiné ce chasseur du Moghreb est déjà habile et rompue aux difficultés du métier. La ligne précise est aussi difficile à acquérir dans le dessin que le mot précis en littérature. C'est à cela cependant, et non à autre chose, que tient l'expression, l'expression juste et absolument vraie qui seule peut satisfaire un artiste. Le cheval, qui marche en se rengorgeant, comme s'il était *martingalé* trop court, a de jolies allures élégantes qui, sans avoir besoin de généalogie, font reconnaître sa race au premier coup d'œil. M. Schreyer paraît du reste avoir vécu dans la familiarité des chevaux et les avoir étudiés avec prédilection. Les *Chevaux de Cosaques irréguliers par un temps de neige* sont là pour l'affirmer. Près d'une cabane construite en rondins et en branchages, sous un ciel blanc qui chasse des tourbillons de neige, des chevaux sont arrêtés, attachés par la bride, abandonnés à la meurtrière inclémence de la tourmente, pendant que leurs maîtres, à l'abri, boivent sans doute l'eau-de-vie de grain et se chauffent au feu de tourbe. Tristes et courageux, les petits chevaux velus se sont serrés les uns contre les autres pour trouver un peu de chaleur; sur leurs yeux, ils ont fait retomber leur longue et rude crinière, ils ont tourné leur croupe à la rafale, et patiemment ils attendent, en rêvant avec une résignation mélancolique à la litière de l'écurie, à l'orge de la mangeoire, au foin du râtelier. Si Voltaire les avait vus, il n'aurait point manqué de dire encore : « Pauvres animaux! sans doute dans le paradis vos ancêtres ont mangé de l'avoine défendue! » La brosse, ferme sans dureté, large sans mollesse, a su donner à cette toile une coloration désolée, blanche et grise, qui est d'un bon effet. Les peintres doivent chercher à produire instantanément pour ainsi dire, avant que l'on ait eu même le temps de reconnaître le sujet qu'ils ont interprété, une impression gaie ou triste par l'harmonie dominante de leur coloris : c'est à cela qu'excellait Eugène Delacroix; c'est une qualité qui peut s'acquérir par l'étude et par la réflexion, et je la constate avec plaisir chez M. Schreyer. Elle ne fait point non plus défaut à M. Magy, qui, par un *Convoi de moissonneurs dans un défilé de l'Atlas* et par *le Chevrier de Ben-Acknoun*, prouve qu'il n'ignore pas le maniement des couleurs. J'aime peu cependant sa manière matérielle de peindre : elle n'a point de relief, elle est trop plate en un mot, et comme si elle procédait à la détrempe. Il me paraît probable que M. Magy a intentionnellement négligé le paysage, qu'il a traité avec trop de sans-façon, pour donner plus d'importance aux figures, qui sont assez vivantes et ne manquent point de vérité dans le mouvement. Les types ont été consciencieusement étudiés; celui du chevrier particulièrement ne mérite que des éloges. L'allure de ce jeune pâtre arabe qui, en chantant et en suivant ses chèvres, descend un sentier rapide, est fort habilement rendue; la lumière, claire sans être criarde, marie par des tons très doux la terre verte et le ciel bleu. Était-il bien nécessaire de sacrifier les accessoires, c'est-à-dire les terrains, les aloès, les nopals, et fallait-il leur donner une exécution molle pour faire valoir les personnages? Je ne le crois pas : tout se tient dans la nature et forme un ensemble; les lignes d'un rocher sont aussi nettes, aussi précises que celles de l'homme qu'il supporte, et affaiblir intentionnellement les premières pour renforcer les secondes, c'est les mettre en désaccord et détruire bien souvent les rapports harmonieux qui existent entre elles. Je sais que, pour expliquer cette différence dans la manière de rendre un terrain et une figure placés sur le même plan, les peintres s'appuient sur des exemples tirés de la photographie : mauvaise raison, car les *flous* que l'on remarque souvent dans les épreuves daguerriennes sont dus à la disposition même de l'objectif, qui déforme parfois l'image en la transmettant au cliché. La vérité toute simple est que cette façon de faire convient aux artistes, parce qu'elle est plus facile, plus rapide, qu'elle leur épargne de longues études, et enfin parce que, sous prétexte de largeur dans la touche, il est plus commode de se contenter d'un à peu près. Ils ne s'aperçoivent pas que dans ce cas ils font une *étude*, c'est-à-dire une figure où le ciel, l'entourage, n'ont besoin que d'être indiqués, et non pas un tableau où chaque objet doit avoir une valeur relative et concourir à un ensemble de lignes et de couleurs qui constitue ce qu'on appelle la composition. Ce reproche, que méritent tant d'artistes de nos jours, nous devons l'adresser à M. Breton, qui, dans sa *Gardeuse de dindons*, combine deux factures diamétralement opposées, l'une très ferme, un peu sèche, parfois même trop cernée, l'autre veule, sans consistance et indécise. Cela produit une impression désagréable qu'il eût été facile d'éviter. Le pied de la femme, dessiné et peint dans tous ses détails, touche à de hautes herbes qu'il est impossible de reconnaître : sont-ce des genêts, des tamarix ou de jeunes osiers? Comment se fait-il qu'à la distance de deux plans si rapprochés l'un de l'autre, le peintre puisse voir d'une manière si différente? Voilà une femme assise; chaque pli de ses vêtemens, chaque ride de ses mains, chaque inflexion de sa chevelure, est rendu visible, presque palpable, et les terrains sur lesquels elle repose sont à peine notés par de simples *frottis!* Est-ce admissible? Ce n'est point un artifice d'art, comme on voudrait le faire croire; c'est simplement un procédé, une *ficelle*, qui exclut le travail, l'étude et l'observation. Nous aurions préféré n'avoir pas à nous appesantir sur ce défaut, qui détruit l'homogénéité du tableau de M. Breton, car c'est incontestablement un des meilleurs qu'il ait jamais soumis au jugement du public. Comme je l'ai dit, *la Gardeuse de dindons* est assise, vêtue d'un costume journalier et usé, la tête ceinte d'un mouchoir jaune, les pieds nus, la peau hâlée par le soleil; de la main elle soutient son visage, dessiné de profil, et son regard, levé vers l'horizon, est perdu dans une rêverie profonde comme l'infini. Une ligne bleue indique la mer, la Méditerranée sans doute, qui se confond avec l'azur du ciel. Cette femme est une paysanne; mais, tout en lui laissant son apparence extérieure, le talent de l'artiste a su lui donner une âme, une sorte de lumière interne qui en font presque un personnage épique. La draperie des antiques statues n'est point le seul vêtement qui ait de la noblesse, et les haillons fatigués d'une femme de la campagne peuvent prendre sous la main d'un peintre habile une ampleur égale à celle des toges brodées de pourpre, sans pour cela cesser d'être des vêtemens pauvres et rapiécés. En un mot, cette figure est pleine de style; changez le costume, modifiez l'entourage, et vous aurez une sibylle méditant sur l'avenir. L'expression cependant, j'insiste sur ce point, n'a rien d'exagéré, le style n'est point un style de convention; en un mot, M. Breton n'a point voulu ennoblir son sujet : il l'a représenté tel qu'il a dû le voir, et peut-être tel qu'il l'a surpris. Les paysans, principalement les gardeurs de bestiaux, habitués à vivre seuls, sont des rêveurs. A force d'être au milieu de la nature, ils finissent par lui emprunter quelque chose de sa grandeur et de son mystère. Ce sont d'actifs inventeurs de légendes; tout berger est sorcier: pendant qu'ils gardent leurs troupeaux, ils se racontent de belles histoires, et parfois, les yeux attachés sur quelque point invisible de l'espace, ils s'absorbent dans des songeries, immobiles et comme pétrifiés. Dans ces courts instans, leur visage revêt une beauté supérieure qu'illumine l'animation des yeux, et que fixe la rigidité des traits. Si un artiste curieux et en quête de la beauté passe en ce moment, il est saisi par l'aspect de cet être nouveau, pour ainsi dire régénéré, qui frappe ses yeux; il en emporte le souvenir, et compose un tableau qui reproduit l'impression qu'il a reçue. Je serais bien étonné si M. Breton n'avait point procédé ainsi pour sa *Gardeuse de dindons*, qui témoigne d'une émotion profonde et la communique au spectateur. En la peignant, M. Breton a peut-être un peu abusé des tons criards de la lumière frisante qui lui sont familiers, et qui, s'ils donnent un modelé vigoureux au personnage, ont l'inconvénient de l'éclairer par une sorte de lumière sous-cutanée dont la transparence n'est point toujours d'un heureux effet.

Ce n'est point positivement parmi les héros de la vie rustique que M. Hamon va choisir ses modèles. Amoureux d'allégories enfantines qu'il pousse parfois jusqu'au *rébus*, il cherche avant tout la grâce et tombe souvent dans l'afféterie. Ses compositions ont presque toujours quelque chose d'inquiet, de troublé, de vaporeux, comme si elles avaient été aperçues à travers les voiles indécis d'un rêve. Les formes rondes qu'il affectionne, son coloris, tenu habituellement dans la gamme des tons tendres et faux tels que le lilas, le rose de chine, la cendre verte, donnent à tous ses tableaux une certaine uniformité qui semble voulue et cherchée à plaisir. On dirait que M. Hamon, dont l'esprit à coup sûr est fertile et très ingénieux, est un peintre de trumeaux du temps de la Pompadour égaré dans notre siècle. Il eût excellé à décorer le boudoir des petites maîtresses d'autrefois; sa jolie peinture se serait fort bien accommodée de la poudre à la maréchale, et n'aurait point été déplacée à côté d'un *bonheur-du-jour* en bois de rose sur lequel on a oublié *Angola*. — *L'Aurore* de M. Hamon n'a rien d'emphatique; elle ne ressemble en rien à la déesse pompeuse que quatre chevaux traînent au plafond du palais Barberini, et qui passe pour le chef-d'œuvre du Guide. C'est une jeune fille, si jeune qu'on la prendrait pour une enfant, si légère qu'elle ne fait même pas plier la feuille de chou sur laquelle elle s'est hissée du bout de ses petits pieds; elle attire à elle une fleur de volubilis ramée à une longue perche, et dans cette coupe naturelle elle boit la rosée. De hautes malvacées découpent leur silhouette humide sur le ciel, qui est d'un rose laiteux peut-être trop accusé; de belles gouttelettes transparentes roulent sur les cheveux de la charmante buveuse et sur les fleurs qui l'environnent. Ai-je besoin de dire qu'elle est blonde et tout à fait jolie? C'est très fin de ton, d'une pâleur harmonieuse et d'un esprit de composition un peu moins précieux que d'habitude. Ce n'est certainement ni de la grande, ni de la forte peinture; mais c'est plaisant aux yeux, chastement compris, suffisamment peint, et je pense que M. Hamon n'a pas eu d'autre ambition. Dans cette donnée-là, il y a de très agréables tableaux à faire: c'est peut être plutôt de la décoration que de la peinture et cela conviendrait parfaitement à la céramique; mais il ne faut point se montrer trop sévère, et il est juste de tenir compte aux artistes des efforts qu'ils font pour produire des œuvres gracieuses et sans sous-entendu.

En somme, quoiqu'il soit rétribué aujourd'hui comme il ne l'a été dans aucun temps, c'est un métier ingrat que celui de peintre. La majeure partie du public ne comprend rien à ce qu'on lui montre:

la ligne lui est indifférente, la couleur lui importe fort peu, la composition même n'a guère le don de l'émouvoir. Ce qu'il aime avant tout, ce qui l'attire, ce qui sollicite son attention, c'est l'anecdote, et si les personnages de l'anecdote sont connus, c'est un succès de curiosité. Il faut voir où la foule s'entasse de préférence pour bien s'expliquer ce fait affligeant. La valeur d'art que peut présenter un tableau est la dernière chose dont on s'inquiète. Qu'importe que les tons soient justes, que la ligne soit noble, que l'ordonnance ait de l'ampleur? On se presse autour de toiles qui n'ont d'autre mérite que de représenter des individus dont on a entendu parler, et qui souvent, pour plus de facilité, sont reproduits sur un index fixé à la bordure. Que la scène se passe sous le directoire, dans un foyer de théâtre, dans une sacristie, l'intérêt est le même, car il n'est excité en rien par l'œuvre intrinsèque. Le sujet seul est en jeu, et cela plaît aux spectateurs, qui pour la plupart sont comme Toinette « et n'entendent rien à ces matières. » Il faut donc féliciter les artistes qui savent résister à ces sollicitations et qui dédaignent les succès de vogue obtenus par de tels moyens. Du reste, on doit le dire, ces toiles anecdotiques sont à la vraie peinture ce que les menues nouvelles d'un journal sont à un poème héroïque. Le plus souvent c'est de la monnaie courante, et pas autre chose. Ai-je besoin de dire que ces observations ne s'adressent point aux tableaux de M. Meissonier, qui se distinguent des autres productions de ce genre par les qualités matérielles familières à ce peintre, dont l'idéal paraît être de lutter contre les flamands les plus minutieux? Ses toiles offrent cette année un intérêt de plus, car M. Meissonier, devenu peintre de batailles, s'est essayé à reproduire des chevaux qui, pour la plupart, sont réussis d'une façon satisfaisante.

L'anecdote, j'entends l'anecdote historique, peut donner naissance à des œuvres d'art très élevées, car elle se prête admirablement à ce genre intermédiaire et fort important qui sert de transition entre la peinture familière et la peinture épique. M. Robert Fleury y a souvent réussi d'une manière très heureuse; un de ses élèves, M. Comte, paraît vouloir marcher sur ses traces et continuer cette tradition, qui, je crois, correspond directement à l'un des besoins de l'esprit français. Les succès de M. Comte sont déjà nombreux, et sa réputation s'appuie sur des élémens qui ne sont point à dédaigner. *Henri III et le duc de Guise* (1855), *Henri III visitant ses perroquets* (1857), sont des tableaux qu'on n'a pas dû oublier; un *Alain Chartier* et une *Jeanne d'Arc* venus après avaient pu faire douter momentanément de M. Comte. Il se relève aujourd'hui victorieusement avec une toile qui me paraît supérieure à celles qu'il a exposées jusqu'à présent : *Éléonore d'Este, veuve de François de*

Lorraine, duc de Guise, deuxième du nom, fait jurer à son fils, Henri de Guise, surnommé plus tard le Balafré, de venger son père, assassiné devant Orléans par Poltrot de Méré le 24 février 1563. Tel est le long titre de ce tableau, où M. Charles Comte semble comme à plaisir, avoir accumulé toute sorte de difficultés afin de mieux les vaincre. En effet, il a réuni les uns près des autres quatre noirs de nuance différente, et, par un tour de force de coloris que les artistes seuls pourront peut-être sérieusement apprécier, il est arrivé à une harmonie excellente qui reste blonde malgré les tons sombres dont elle est composée. De plus, un pan de voile en crêpe noir qui retombe sur un bras de fauteuil et qui laisse voir le dessin de la tapisserie tout en projetant dessus une sorte de brouillard de deuil, est exécuté d'une façon telle que Miéris l'envierait à M. Comte. La facture est extrêmement soignée, mais elle n'a ni maigreur, ni petitesse; elle est égale au dessin, qui partout est d'une fermeté de bon aloi. C'est donc un bon tableau, et ce qui le rend plus remarquable encore, c'est la noble simplicité de la composition. Certes le sujet prêtait au *théâtral;* une mère qui fait jurer à un fils de venger l'assassinat de son père, cela peut faire excuser beaucoup de grands gestes et de pompeuses attitudes. M. Comte a su éviter cet écueil avec une sage habileté; il est resté dans une donnée vraie, familière, maternelle pour ainsi dire, et l'effet qu'il obtient n'en est que plus puissant. Dans un appartement dont les murs disparaissent sous des tapisseries de haute lisse, la duchesse de Guise, vêtue de velours et de crêpe noirs, est assise; devant elle, le futur Balafré, habillé de drap noir, est debout. La mère a posé une main sur l'épaule de son fils, et de l'autre elle lui montre un tableau qui représente Henri de Lorraine au moment où Poltrot,

> . . . . . Choisissant
> Lieu pour son adventage,
> Le recognoist passant,
> Et le trousse au passage,

ainsi que disait la vieille chanson huguenote de ce temps-là. Par un mouvement très naturel, l'enfant a saisi l'épée de son père, posée sur un coussin de velours noir à côté de la couronne ducale. Les deux visages, de profil et placés l'un près de l'autre, sont tournés vers ce tableau funèbre et entraînent forcément l'attention du spectateur vers le même objet; les têtes blondes de la mère et du fils se côtoient, et, loin de se nuire, semblent plutôt se compléter l'une par l'autre; l'expression de regret et de menace est telle qu'on la peut souhaiter. Les détails sont traités avec un grand soin et un souci d'exactitude qui cependant ne dégénère pas en minutie archéologique. Une adroite sobriété a repoussé tous les accessoires inutiles; j'aurais voulu cependant qu'elle fût assez sévère pour supprimer une chaise inutile, d'un dessin carré et désagréable, que j'aperçois à gauche, près de la table couverte d'un velours rouge. — En finissant, je dois féliciter M. Comte d'avoir su se débarrasser promptement des tons bistrés et bitumineux qui, destinés à noircir en vieillissant, dépareront la plupart des tableaux de son maître, M. Robert Fleury.

Il est un ancien poème rustique et populaire que connaissent bien les artistes :

La rime n'est pas riche, et le style en est vieux,

mais il y règne une naïveté charmante qui s'en échappe comme un parfum de vérité. Jésus-Christ s'habille en pauvre; il demande à recueillir les miettes de la table; on lui répond qu'elles seront mangées par les chiens, parce qu'ils rapportent des lièvres, et que lui, il ne rapporte rien. Il avise la maîtresse de la maison à sa fenêtre, et il implore sa charité. « Ah! montez, montez, bon pauvre, — avec moi vous souperez ! » Lorsque le repas est fini, le pauvre fatigué demande à dormir. « Ah ! montez! montez, bon pauvre, — un lit frais vous trouverez. — Comme ils montaient les degrés, — trois anges les éclairaient. — Ah! n'ayez pas peur, madame, — c'est la lune qui paraît! » Puis, comme il faut une moralité à toute chose, même aux chansons, Jésus annonce à la dame charitable qu'elle mourra dans trois jours et entrera tout droit au paradis, mais que son mari — en enfer ira brûler! — Je croirais volontiers que cette légende, qui se chante encore dans les provinces du centre de la France, a traversé l'esprit de M. Dauban lorsqu'il a fait la *Réception d'un étranger chez les trappistes.* L'étranger en effet n'est autre que Jésus-Christ, car il a dit, selon saint Jean : « Quiconque reçoit celui que j'ai envoyé me reçoit. » Jésus est debout, son air est triste, il est reçu par le père hospitalier; mais son mouvement général manque de précision, car, en voyant le Christ, on croirait qu'il s'en va, et non point qu'il arrive. A ses pieds, selon les rites des couvens de la Trappe, deux frères sont étendus de toute leur longueur, prosternés, la tête contre terre, les bras comme écrasés sur la poitrine. Cette disposition forcée d'un personnage debout et de deux autres allongés devant lui donne à l'ensemble de la composition une apparence d'équerre qui n'est pas agréable, mais qu'il n'était point facile d'éviter, j'en conviens sans peine. Je blâmerai avec plus de raison quelques accessoires futiles, des choux, des navets, un louchet, qui sont là, je le sais, pour indiquer que les trappistes s'occupent de travaux d'agriculture, mais qui, au point de vue de l'art, n'étaient point nécessaires. Il y a aussi entre les deux mains de Jésus une différence de proportion que je voudrais voir disparaître. Ces reproches sont légers et n'ôtent rien à la valeur du tableau. La touche en est un peu lourde; mais la coloration lumineuse, maintenue dans une tonalité blonde intentionnelle, rachète ce défaut; l'impression générale est bonne et ne se laisse pas aisément oublier, ce qui est rare pour une toile appartenant à ce qu'on peut appeler la peinture religieuse.

IV.

Si ma pensée a été comprise, on a pu voir, par ce qui précède, que l'école française est dans un désarroi assez inquiétant. Certes les peintres dont j'ai eu à citer les tableaux ne manquent point de talent : dans leurs recherches isolées, ils arrivent parfois à trouver une forme heureuse, une composition satisfaisante, une coloration agréable, mais d'où viennent-ils, où vont-ils? On serait fort embarrassé de le dire. En effet, ils n'appartiennent à aucun corps de doctrines, nul guide ne les dirige; les plus forts ne prennent conseil que d'eux-mêmes, les autres, et c'est le plus grand nombre, épient avec curiosité les goûts du public et s'y conforment avec une abnégation qui bien souvent ressemble à de la servilité. C'est une armée sans chef où chacun sert au hasard de ses convictions, de ses intérêts, de ses fantaisies. Tout est devenu prétexte à peinture, ce que je ne blâme pas, car je crois que le domaine de l'art est infini; mais l'homme, le grand modèle, disparaît presque complétement; au lieu d'être le but principal de l'effort des artistes, il semble être devenu je ne sais quel accessoire ennuyeux qu'on n'ose pas encore supprimer, et que l'on emploie par un reste de respect ou d'habitude qui ne tardera pas à disparaître. La peinture de paysage envahit la peinture de genre, qui elle-même envahit la peinture d'histoire : c'est une confusion singulière; chaque exposition est une image en miniature de la tour de Babel. Il y a une tendance manifeste à l'affaissement et au laisser-aller; à chaque ouverture d'un nouveau salon, on peut, depuis l'exposition universelle de 1855, le constater avec douleur. Ce n'est pas en soi-même qu'on va puiser l'inspiration, on la demande aux conseils des amateurs, aux fantaisies de la fortune, aux nécessités des appartemens, aux prédilections d'un public ignorant, mais riche. Les élèves de Rome, ceux-là mêmes qui ont reçu cette éducation académique, un peu étroite, mais sévère, qui aurait dû les former à la grande peinture, à la peinture d'histoire, ont été entraînés par le courant auquel ils n'ont point eu l'énergie de résister, et nous les voyons, pour la plupart, utiliser les études qu'ils ont faites des grands maîtres italiens à composer des tableaux de genre, des décorations plus gracieuses qu'il ne faudrait, et dédaigner absolument le but sérieux vers lequel on était en droit de les voir marcher. A quoi tient cet état de choses douloureux? A nos mœurs sans aucun doute, à l'axiome coupable : paraître c'est être, mis en pratique aujourd'hui par presque tout le monde, mais aussi à l'absence d'un artiste assez fort, assez savant, assez consciencieux, pour s'imposer de lui-même, par la seule manifestation de son talent. L'exemple manque, la direction fait défaut; la culture intellectuelle indispensable aux artistes est généralement dédaignée par eux; ils feignent d'ignorer que Michel-Ange, que Léonard de Vinci étaient les hommes les plus instruits de leur temps; ils s'imaginent qu'il suffit de savoir peindre pour être un peintre, absolument comme s'il suffisait de savoir écrire pour être un écrivain : erreur capitale et dangereuse! C'est le cerveau qui conçoit, la main n'est que son humble servante, et tout ce qui ne sort pas de lui, condensé, comparé, discuté préalablement, est frappé de stérilité. Il y a sept ans déjà que M. Théophile Gautier, qu'on n'accusera certainement pas de porter une sévérité excessive dans ses jugemens en matière d'art, a pu écrire : « Le procédé atteint un point de perfection inquiétant, car la main devient tellement habile qu'elle semble pouvoir se passer de la tête. » Nous le répétons, l'absence de direction consentie d'une part, de l'autre les élémens de dissolution que je viens d'indiquer ont créé une confusion éminemment regrettable; l'art français est en pleine licence. Il est facile de concevoir que cette licence ait troublé des esprits de bon vouloir qui, pour étayer leurs études, ne trouvaient autour d'eux aucun point d'appui. S'il est naturel qu'aux États-Unis d'Amérique la liberté sans limite dont jouissent les sectes religieuses ait engendré un besoin farouche d'autorité, ait groupé autour du chef des mormons quelques hommes qui aspiraient à recevoir une vigoureuse impulsion et à être maintenus dans la ligne étroite d'une direction morale absolue; il est naturel aussi qu'un peintre amoureux, avant tout, d'art et de beauté, ne trouvant dans les exemples qu'il avait sous les yeux rien qui pût le conduire au but qu'il entrevoyait, se soit retourné violemment vers les anciens maîtres et se soit penché sur les sources mêmes de la tradition plastique pour découvrir le mot de l'énigme qu'il interrogeait vainement de nos jours. C'est ce qui est arrivé à M. Gustave Moreau.

Quoique le tableau qu'il nous montre cette année passe aux yeux de beaucoup de gens pour un début, M. Moreau ne nous est point inconnu, et il n'en est pas à son coup d'essai. Toutes ses tentatives précédentes ont fait présumer un esprit anxieux, mal certain de son originalité, qu'il ne parvenait à dégager qu'avec peine, et fort épris d'un idéal élevé que l'insuffisance des moyens mis à sa disposition et du milieu qui l'entourait l'empêchait d'atteindre. Ce fut en 1852 qu'il exposa pour la première fois; sa *Pieta* était une réminiscence directe et très apparente des tableaux d'Eugène Delacroix : le jeune peintre, séduit par l'effet des colorations savantes, avait négligé les impérieuses prescriptions de la ligne. En 1853, sa manière était déjà complétement modifiée : cherchant toujours et ne sachant à quel maître se rattacher, il fit un *Darius mourant* qu'on aurait pu prendre à première vue pour un pastiche de Chassériau, beaucoup moins toutefois dans la coloration générale, dans la composition, qui déjà était savante, que dans le dessin et l'expression des têtes. Il s'essaya ensuite, si j'ai bonne mémoire, dans les *eaux-fortes,* qu'il grava lui-même ou fit graver. — Je me souviens d'un *Roi Lear sur la bruyère* et d'une *Mort d'Hamlet* qui semblaient prouver que l'artiste n'avait voulu obtenir que le mouvement au détriment de toutes les autres qualités qu'on est en droit d'exiger d'une œuvre pareille. En 1855, à l'exposition universelle, il passa presque inaperçu, et cependant ses *Athéniens livrés au minotaure dans le labyrinthe de Crète* n'avaient plus rien de la manière d'Eugène Delacroix ni de celle de Théodore Chassériau, et indiquaient un talent qui, se cherchant encore, était sur le point de se trouver. Quelle impression l'exposition universelle des beaux-arts produisit-elle sur M. Moreau et en quoi put-elle déterminer sa résolution ? On peut le soupçonner. Il vit que les maîtres dont la France s'enorgueillit à bon droit étaient vieux, au déclin de leur talent comme au déclin de leur vie; il vit que ceux qui étaient appelés à leur succéder n'avaient aucune de leurs qualités viriles; il put de loin pressentir ce que nous avons pressenti tous, que l'école française allait entrer dans une époque critique, dans une époque de transition où chacun s'abandonnerait, sans principe et sans foi, aux sollicitations malsaines d'une célébrité momentanée et d'un enrichissement rapide. En voyant l'œuvre des maîtres dans son ensemble, il se rendit compte sans doute de leurs défauts; il vit moins ce qu'ils avaient que ce qui leur manquait; il mit le doigt sur la plaie même; il comprit très nettement que dans cet état de dispersion des forces de l'école il n'avait ni secours ni exemples profitables à attendre ; il résolut de s'abstraire, de réapprendre son métier complétement, de s'imprégner d'art de toutes façons, de se faire une originalité sérieuse, sévère, basée sur l'étude des grands maîtres, sur l'incessante observation de la nature, et à dater de ce moment, 1855, il disparut. Dans le monde des artistes, on s'en préoccupait; on savait que M. Moreau est un homme intelligent, enthousiaste, absolu, qu'il aime son art avec passion, et que nul travail, si aride qu'il soit, n'est capable de le rebuter. Qu'allait-il faire? où allait aboutir cet apprentissage pénible, recommencé courageusement à l'âge de vingt-huit ans, à cet âge où le besoin de produire tourmente incessamment la jeunesse? Allait-il, imitant David, demander à la statuaire antique le secret de sa noblesse et introduire dans l'art la rigidité des attitudes et l'absence d'expression vivante? Allait-il, au contraire, suivant les traces de Géricault, revenir à Jouvenet, qui lui-même procédait de l'emphatique école bolonaise? M. Moreau nous initie aujourd'hui d'un seul coup à ses études. Il a été vivre en Italie, il a cherché à surprendre la manière des maîtres; il a vu que les meilleurs d'entre eux n'ont jamais laissé sortir une œuvre de leur atelier avant qu'elle ne fût complète, c'est-à-dire qu'ils ont cherché, j'entends les meilleurs, à unir dans une proportion égale la ligne, la couleur, la composition, qu'ils ont poussé leur *rendu* aussi loin que possible, et qu'ils ont tous parfaitement compris qu'un *tableau* ne devait être, sous aucun prétexte, traité comme une *décoration*. Il est remonté dans la tradition à ce moment précis où la sensation vient en aide au sentiment, que la renaissance n'a pas encore détruit, où la couleur sert pour ainsi dire de vêtement à la ligne. En un mot, il s'est adressé de préférence à l'art spiritualiste, et je crois qu'il n'a point fait fausse route, car le tableau qu'il expose, tout pénétré qu'il soit de l'étude des maîtres anciens, est essentiellement animé de l'esprit moderne.

Œdipe et le Sphinx, c'est un bien vieux sujet; mais il est éternel, car il est humain, et il en est peu qui soient plus actuels. Qu'est-ce que c'était que le sphinx, dont le nom sinistre (σφίγγω, *j'étrangle*) indique assez l'implacable cruauté? Un pirate, une fille de Laïus, dit Pausanias; le symbole de la force unie à la prudence, selon Clément d'Alexandrie; la fille de Typhon et du serpent Echydna, si nous en croyons la mythologie, qui lui donne pour frères et sœurs Orthros, Cerbère, le lion de Némée, le dragon Ladon, la Chimère, l'hydre de Lerne, et semble prouver par là qu'il était la personnification de l'un des phénomènes de la nature primitive, un souvenir traditionnel des animaux monstrueux des genèses informes, au dire des professeurs de paléontologie. C'est un mythe à coup sûr; de l'ordre physique, il a passé dans l'ordre moral, et il représente la destinée, dont l'énigme est incessante et se reproduit à chacune de ses phases. C'est peut-être là même ce que signifiait le *rébus* peu difficile à deviner qu'il proposait à ses interrogateurs : à tous ses âges, au matin, à midi, au soir, qu'il marche avec quatre, avec deux, avec trois pattes, l'homme se trouve toujours en présence d'un problème insoluble. Le sphinx était un sujet familier aux artistes antiques. « Sur chacun des pieds antérieurs (du trône de Jupiter olympien), dit Pausanias, on a représenté des sphinx thébains. » Il est naturel en effet que celui qui est maître de la destinée foule l'énigme à ses pieds. Dans le recueil des pierres gravées de Millin, on voit plusieurs sphinx, un entre autres qui, de loin, rappellerait celui de M. Gustave Moreau. OEdipe est debout, dans la position exacte du Tatius du tableau des *Sabines* de David; il tient de la main droite son glaive abaissé, prêt à frapper; de la gauche, il élève son bouclier sur lequel le sphinx vient de s'élancer en se cramponnant. M. Ingres a fait aussi un *Œdipe interrogeant le Sphinx*, il doit être présent à tous les souvenirs, et, si je ne me trompe, il a été peint en 1808. A cette époque, M. Ingres ne s'était pas entièrement débarrassé de l'influence de David, il n'était pas encore entré et pour toujours dans la tradition de Raphaël : il est donc facile de comprendre pourquoi il a traité son tableau en manière de bas-relief. On se le rappelle, le sphinx du haut de son rocher lève la patte et roule des yeux furieux en regardant OEdipe, qui, le genou replié, le doigt sur les lèvres, cherche à deviner le mot fatal. C'est une composition fort paisible, un peu froide, et accusant beaucoup trop la préoccupation d'imiter l'antique. C'était, par le fait, moins une œuvre d'art qu'une habile reconstitution d'archéologie. Ce n'est point ainsi que M. Moreau a conçu son sujet, et nous l'en félicitons. De nos jours en effet, ce n'est plus OEdipe qui va, de propos délibéré, interroger le sphinx; c'est la destinée qui saisit l'homme inopinément et qui, lui posant la question inéluctable, lui dit : « Réponds ou meurs! » Ce n'est point un esprit médiocre celui qui, ayant ainsi compris le rôle moderne du sphinx, a osé le traduire dans un art plastique.

OEdipe a gravi la montagne, il est arrivé à ce point culminant et vertigineux où il n'y a plus de retraite possible pour lui : à ses pieds, l'abîme; derrière, le rempart à pic des rochers; il est enfermé pour ainsi dire dans la fatalité; nul ne peut l'entendre et le secourir. Dans cette étroite et implacable enceinte, il est comme un naufragé sur la mer immense; il est perdu, si les dieux ne daignent l'inspirer. Il est tranquille cependant, car sa force est en lui; il est la sagesse. Le sphinx (c'est *la sphinx* qu'il faudrait dire) s'est précipité sur lui, s'est accroché à sa poitrine, et face à face, à chaleur d'haleine, lui crie l'énigme. Sous l'impulsion de la bête obtuse et féroce, celui qui tua son père à la rencontre des trois sentiers a légèrement reculé : son pied droit contracté prend terre plus solidement, sa jambe gauche se replie, et de son dos, où pend le large pétase, il cherche un point d'appui contre le roc inhospitalier. Il raidit son cou pour pouvoir, de si près, mieux regarder celui qui l'interroge. A ses pieds, il a pu apercevoir les débris humains entassés dans le gouffre, il n'a point pâli; il sait que rien, si ce n'est sa propre force intellectuelle, ne peut le sauver; il ne s'est pas même mis en défense, et son bras gauche, infléchi au coude et relevé vers la tête, s'appuie sur un long javelot dont la pointe est fichée dans le sol. Le ciel est gris et semble, par ses teintes de deuil, rapprocher encore les limites de l'horizon resserré où se meuvent les personnages. Un paysage désolé, où quelques oiseaux passent rapidement, comme pour fuir plus vite ces lieux de désolation, étend les lignes imposantes de ce défilé funèbre; seul, un figuier, l'arbre consacré à Saturne qui dévore ses enfans, pousse au milieu des rochers ses branches chargées de fruits. Près de la demeure du sphinx, une cassolette fermée s'élève sur une petite colonne; un papillon, symbole de légèreté, tourne autour et va mourir; un serpent, emblème de prudence, monte lentement et circulairement vers elle.

M. Moreau n'a rien abandonné au hasard : tout ce qu'il a fait, il l'a voulu faire ainsi. Chaque partie de son tableau est raisonnée et pondérée avec un souci sérieux. La ligne ne s'égare pas, et la couleur est toujours excellente. Je ne puis que m'incliner et admirer, car voici enfin une œuvre où la pensée est égale à l'exécution. Les deux personnages sont placés précisément de profil, nez à nez, comme l'on dit vulgairement. Je sais qu'il est élémentaire de varier les attitudes des visages, et je crois que bien des peintres auraient sans hésiter opposé un trois quarts à un profil. Auraient-ils eu raison de suivre en ceci les leçons de la routine? Je ne le pense pas. Il est certain que la disposition quasi angulaire des deux figures donne aux têtes quelque chose de sec et d'aigu, mais il est incontestable que la composition tout entière y gagne je ne sais quoi de hiératique et de mystérieux qui lui constitue à première vue une originalité saisissante. L'expression des visages a été étudiée de loin, longuement méditée et rendue de main de maître. Sur celui du sphinx, dans ses yeux bleus, ronds et saillans, dans sa bouche mince plus propre aux morsures qu'aux baisers, je vois la bêtise, la férocité, la vanité d'une force fatale qui ne doit rien à elle-même. Dans celui d'OEdipe au contraire, dans ces traits qui vaguement me rappellent ceux de Bonaparte en Égypte, dans ce front intelligent déjà plissé par la réflexion, dans cet œil si profond qu'il en paraît nocturne, dans cette bouche forte d'où doivent tomber des paroles de commandement, dans ce menton carré plein d'une volonté énergique, je vois tous les signes de la force morale qui se nourrit exclusivement de sa propre substance, toujours renouvelée par le travail de la pensée. Est-ce là l'idée que M. Gustave Moreau a voulu interpréter? Je le pense et je l'en félicite, car je n'ai jamais compris pourquoi les peintres semblaient s'obstiner à croire qu'une idée, quelle qu'elle fût, était incompatible avec la plastique.

Le *rendu* est aussi fini que possible; rien n'a été négligé; les accessoires aussi bien que les personnages ont été poussés à la limite extrême, et cependant rien n'est exécuté en manière de *trompe l'œil*, et la touche de M. Moreau, toute serrée qu'elle est, est aussi large que celle de M. Blaise Desgoffe est étroite. Il est pourtant un reproche que je ferai à M. Moreau. Il a cerné d'un trait noir la plupart des contours, même ceux des muscles. Ce procédé demande, je crois, à être employé avec sobriété : il est vrai qu'il donne au modelé un relief considérable; mais lorsqu'on en abuse, il lui donne de la sécheresse. Dans *la Leçon d'anatomie* de Rembrandt, qui est au musée de La Haye, un simple trait rouge indique les contours; de loin il se confond avec les chairs tout en les fixant, pour ainsi dire, et en les faisant tourner. OEdipe a environ quatre pieds de hauteur, et cependant sa proportion dans le paysage est tellement juste qu'il paraît être de grandeur naturelle; il faut un instant d'attention et même de comparaison pour le réduire à ses dimensions réelles.

M. Moreau s'est inspiré du vers d'Ausone :

Sphinx volucris pennis, pedibus fera, fronte puella.

Le sphinx en effet, dans sa partie supérieure, est une jeune fille, dont les seins, par leur forme, semblent préparer la transition avec l'animal. Cette divinité sinistre a toutes les coquetteries de la femme : son front est orné d'un diadème; elle a roulé ses cheveux de façon à les faire ressembler aux cornes d'or du Jupiter Ammon ; elle a ceint ses reins d'un collier de corail rouge, comme ces négresses du Darfour et du Sennaar qui portent sur les flancs une ceinture de verroteries; sa croupe fauve se recourbe avec des ondulations de panthère, et ses grandes ailes, d'un gris charmant, battent l'air au-dessus de sa tête. OEdipe est jeune; ses membres, encore indécis çà et là, annoncent que pour lui l'adolescence est à peine terminée; il est nu, une draperie noire descend de son épaule droite et tombe jusqu'à terre en cachant quelques parties du corps. J'aime peu le double pli que je remarque au cou-de-pied gauche et la ligne assez inexplicable que je vois au-dessous du genou. En revanche, il y a des portions traitées d'une façon de maître, entre autres le poignet et la main qui tient le javelot.

La coloration générale me paraît à l'abri de tout reproche. Les ailes grises du sphinx, se détachant sur le ciel gris, sont un tour de force comme j'en ai peu vu. L'emploi des trois rouges, celui de la draperie placée parmi les débris des victimes, celui de la ceinture du sphinx et celui de la lance, sont maniés par un homme qui a vécu dans la familiarité des maîtres vénitiens. Les accessoires, tels que le javelot, le coffret d'argent à têtes de griffon, sont d'une élégance rare, et ont été créés évidemment par une imagination nourrie de recherches, et qui voit l'art partout où il peut se trouver, aussi bien dans un bijou que dans une statue, dans une arme comme dans un tableau. Quant au dessin, il suffira, pour l'apprécier, de voir la main crispée qui, sur le premier plan, se raccroche au rocher.

A propos de cette toile et de la voie nouvelle où M. Moreau semble vouloir marcher désormais, on a parlé d'archaïsme, de retour à des traditions abandonnées; on a parlé de Mantegna, de Lucas Kranach, on a même prononcé le nom de Botticelli, je ne sais pourquoi, et enfin on a accusé M. Moreau d'avoir tout simplement essayé de faire un pastiche de ces vieux maîtres. A mon avis, si M. Moreau rappelle un peintre ancien, il rappelle Vittore Carpaccio, c'est-à-dire que, comme lui, il est à la fois très dessinateur et très coloriste; c'est là que s'arrête l'analogie. C'est du reste une mode française que de jeter à la tête des nouveau-venus les noms des hommes célèbres des temps passés; si le pastiche était si facile à faire, je m'étonne qu'il n'ait pas été essayé plus tôt : cela aurait mieux valu que toutes ces prétendues tentatives individuelles, qui ne sont en somme que des aveux déguisés d'impuissance. Il me semble au contraire que M. Moreau est fort original; à sa façon un peu sèche peut-être de comprendre la ligne, j'inclinerais volontiers à croire qu'il est protestant; quant à sa manière d'employer la coloration et d'en tirer bon parti, il s'est inspiré de ses études sur les maîtres vénitiens; franchement c'est son droit le plus strict, et sous prétexte que les peintres de Venise ont été de grands coloristes, nous ne pouvons rigoureusement pas exiger que nos peintres français soient condamnés pour toujours à des cacophonies de couleurs. Soyons justes, et reconnaissons sans réserve que dans l'œuvre de M. Gustave Moreau le cerveau, un cerveau intelligent et nourri, a eu autant de part que la main.

Si l'exemple donné par M. Moreau n'est point perdu, si ses confrères veulent comprendre que ce n'est qu'à force d'études, de travail, de comparaison, de conscience surtout, qu'on arrive à produire des œuvres dignes de subsister dans la mémoire des hommes et de résister au temps, un renouvellement radical peut se faire dans l'école française, et nous pourrons prétendre à un rang très élevé dans l'Europe artiste; mais si les vieux erremens sont suivis, si l'on sacrifie encore au facile plaisir d'avoir un succès passager, si l'on ne cherche, par l'agrandissement intellectuel, à idéaliser un art matériel par son essence même, nous nous attristerons de voir l'affaissement général, et pourtant nous n'en saurons pas moins un gré infini à M. Moreau de l'effort considérable qu'il vient d'accomplir seul, par le fait propre de sa volonté. Il a montré la route, le but et les moyens; il ne s'agit maintenant que de l'imiter. Sa tentative en tout cas n'aura pas été stérile : n'aurait-elle servi qu'à lui-même, nous devons y applaudir, car souvent il suffit d'un artiste pour sauver l'art. Je me suis parfois imaginé qu'un critique désintéressé ressemblait à Diogène cherchant un homme; je remercie M. Gustave Moreau, car j'ai l'espérance que, grâce à lui, il sera bientôt permis d'éteindre la lanterne.

Il y a longtemps, à notre avis, que l'heure n'a été plus propice pour une rénovation. Les vieilles querelles d'école sont oubliées. Qui se souvient maintenant des classiques et des romantiques? Ils ont été rejoindre les neiges d'antan. Tout est dans le silence, on peut se recueillir; ce n'est pas le bruit extérieur, ce n'est point l'émotion des choses politiques qui peuvent aujourd'hui arracher les artistes à leurs études. La place est libre; hélas! la destinée implacable a frappé la France jusque dans ses gloires pacifiques : Delacroix, Pradier, Flandrin, Rude, Ary Scheffer, David d'Angers, errent dans les champs Élysées avec les âmes de Michel-Ange, de Titien et de fra Angelico; l'héritage d'Alexandre est ouvert, au plus digne! La Belgique, matériellement du moins, manie le pinceau avec plus d'habileté que nous; l'Allemagne sait concevoir, composer et dessiner; nous lui avons appris à peindre : elle est menaçante, et cette école de Dusseldorf, si sèche, si froide, si dure qu'on l'appelait l'école de fer-blanc, est de force en ce moment à lutter contre nos peintres les plus estimés. Les succès que M. Knauss a obtenus à nos expositions ont été un encouragement pour ses compatriotes. Si nous voulons garder la suprématie, il est nécessaire de ne point perdre de temps et de redoubler d'efforts. Il ne faut point que notre vanité native nous ferme les yeux; ce n'est qu'au prix d'un labeur sans relâche que nous arriverons à nous maintenir au premier rang, et les artistes doivent d'abord apprendre à se rendre justice entre eux et bien se persuader qu'on n'a pas de talent à l'ancienneté, comme un grade de capitaine d'habillement. Des mesures plus larges les ont appelés cette année à faire partie du jury et à statuer sur les récompenses. Ils ne sont point parvenus à se mettre d'accord, et ils ont donné à rire. Dans la section de sculpture, il y a eu unanimité pour décerner la grande médaille à M. Brian, car il était mort, et cette distinction ne pouvait porter ombrage à personne; mais, dans la section de peinture, il n'en a point été ainsi : comme nul peintre exposant n'avait passé de vie à trépas, les membres du jury n'ont pu s'entendre entre eux, et il a été décidé qu'on n'accorderait pas de grande médaille. Ce fait serait peu digne d'être relevé, s'il n'indiquait chez les artistes des préoccupations un peu inférieures et des personnalités qui cherchent leur gloire hors de la grande voie du travail aboutissant au succès.

Les artistes, je le sais, aiment fort les gens qui leur brûlent de l'encens sous le nez, et volontiers ils s'imaginent que les écrivains ne sont bons qu'à cela. Il vaut mieux cependant, je crois, leur dire la vérité, dût-elle être perdue pour eux. C'est en négligeant absolument l'étude du dessin, c'est en se contentant d'obtenir des colorations agréables qu'on en est arrivé à tomber de la peinture d'histoire dans la peinture de genre, et du genre dans le paysage, et c'est ainsi qu'on a découronné l'école française. Certes les paysagistes et les peintres de genre ont parfois du talent, et souvent j'ai admiré leurs œuvres; mais les peintures faites pour les amateurs ne peuvent convenir à un grand état comme la France : quand on a nos annales, il faut avoir des artistes capables de les peindre. Où sont-ils? Je les cherche. C'est à la peinture d'histoire, à la grande peinture qu'il faut revenir sous peine de déchéance irrémissible; toute tendance vers ce but doit être encouragée et applaudie, et à ce point de vue nous trouvons que l'exemple donné par M. Gustave Moreau est respectable, méritoire et de bon augure.

Maxime Du Camp.

Paris. — J. CLAYE, Imprimeur, 7 rue Saint-Benoît

www.ingramcontent.com/pod-product-compliance
Ingram Content Group UK Ltd.
Pitfield, Milton Keynes, MK11 3LW, UK
UKHW020949220726
13924UKWH00002B/586

9 782019 707330